AF318474

MINISTÈRE DE LA GUERRE

SERVICE GÉOGRAPHIQUE

DE L'ARMÉE

NOTICE

SUR LES OBJETS EXPOSÉS

Instruments — Cartes

PARIS

IMPRIMERIE L. BAUDOIN & C^E

2, Rue Christine, 2

1889

TABLE DES MATIÈRES

NOTICE SUR LES OBJETS EXPOSÉS

INSTRUMENTS

CARTES

SERVICE GÉOGRAPHIQUE

DE L'ARMÉE

(DÉPOT DE LA GUERRE)

Historique. — Créé en 1688, sous le ministère de Louvois, le Dépôt de la guerre n'était, dans l'origine, ainsi que son nom l'indique, qu'un dépôt de documents recueillis dans les archives du Ministère de la guerre et intéressant particulièrement l'histoire et les opérations militaires.

En 1761, le Dépôt des cartes et plans vint se confondre avec lui et l'enrichir d'une précieuse collection, composée principalement des travaux topographiques imprimés et manuscrits exécutés par les ingénieurs des camps et armées sous les règnes de Louis XIV et de Louis XV.

Ce fut seulement en 1793, au moment où la Convention nationale lui confia l'achèvement et la retouche des cuivres de la grande carte de Cassini, que le Dépôt de la guerre devint un établissement de production cartographique. De cette époque date aussi la création d'un atelier de gravure topographique qui n'a pas cessé de fonctionner depuis.

Pendant longtemps le Dépôt de la guerre s'administra isolément. En 1845, il fit partie de l'administration centrale et forma jusqu'en 1871 une direction du Ministère de la guerre.

Au moment de la création de l'État-major général du Ministre, la Direction du Dépôt de la guerre lui fut rattachée d'abord avec le titre de 5ᵉ Bureau, puis avec celui de Sous-Direction.

Enfin, en 1887, celle-ci prit sa forme actuelle et devint *Direction du Service géographique de l'armée*.

Quelques chiffres feront ressortir l'importance prise par cet établissement, au point de vue cartographique, depuis le commencement du siècle.

En 1801, le nombre des cartes gravées, mises en vente au Dépôt de la guerre était de 6 seulement ; en 1889 ce nombre s'élève à 250 environ, comprenant plus de 1800 feuilles.

LISTE

des Directeurs du Dépôt de la guerre et du Service géographique
de l'armée, depuis 1734 jusqu'à 1889 (1).

MM. De Maillebois, maréchal de France............	1734-1760.
De Vault, lieutenant général des armées.......	1760-1790.
Mathieu-Dumas, général de brigade..........	1790-1793.
Calon, membre de la Convention, ancien ingé-nieur-géographe......................	1793-1797.
Dupont, général de brigade..................	1797.
Ernouf, général de division.................	1797-1799.
Meunier, général de brigade................	1799-1800.
Clarke, général de division.................	1800-1801.
Andreossy, général de division..............	1801-1803.
Comte Sanson, général de division...........	1803-1812.
Muriel, colonel d'état-major..	1812-1814.
Bacler d'Albe, maréchal de camp	1814-1815.
Marquis d'Écquevilly, lieutenant général.......	1815-181/.
(Suppression de la direction du Dépôt de la guerre)................................	1817-1822.
Comte Guilleminot, lieutenant général.........	1822-1830.
Baron Pelet, lieutenant général, pair de France.	1830-1850.
Morin, général de brigade..................	1850-1852.
Blondel, général de brigade.................	1852-1867.
Jarras, général de division.................	1867-1870.
Schmitz, général de division................	1871.
Saget, colonel d'état-major.................	1871-1875.
Bugnot, colonel d'état-major................	1875-1882.
Perrier, général de brigade, membre de l'In-stitut..............................	1882-1888.
Derrécagaix, colonel d'infanterie breveté......	1888

---

(1) Bien que la création du Dépôt de la guerre remonte à 1688, ce fut en
1734 seulement que cet établissement reçut un directeur.

L'Exposition du Service géographique de l'armée est groupée dans la classe 66 (EXPOSITION MILITAIRE). Cependant, ce Service figure également dans la classe 15 (INSTRUMENTS DE PRÉCISION) et dans la classe 16 (PRODUITS CARTOGRAPHIQUES).

NOTICE

SUR LES OBJETS EXPOSÉS

INSTRUMENTS — CARTES

CLASSE 66

L'Exposition du Service géographique se divise en *Exposition rétrospective* et *Exposition moderne ;* chacun de ces deux groupes se subdivise lui-même en deux parties bien distinctes : les instruments et les cartes.

Les **Instruments** exposés correspondent à toutes les branches de l'art de lever le terrain, depuis les mesures de haute précision destinées à l'établissement du canevas d'une carte jusqu'aux plus petites opérations du lever de détail et du nivellement.

C'est à l'ancienne Académie des sciences qu'appartient l'honneur d'avoir exécuté les premières grandes opérations géodésiques destinées à faire connaître la forme et les dimensions du sphéroïde terrestre.

En 1669, Picard exécutait pour la première fois la mesure d'un degré du méridien de Paris ; peu de temps après, Dominique Cassini étendait cette mesure à toute la partie de l'arc de méridien qui traverse la France. Quelques années plus tard, des astronomes français mesuraient, les uns au Pérou, d'autres en Laponie, des arcs de méridien situés à des latitudes différentes. Plus tard encore, Cassini de Thury revisait la méridienne de France; La Caille allait vérifier la longueur de l'arc d'un degré au cap de Bonne-Espérance.

En 1790, Delambre et Méchain déterminaient de nouveau la grande méridienne de France jusqu'à Barcelone, dans le but d'obtenir la longueur d'un arc de méridien qui permit d'emprunter aux dimensions de la terre, d'après les idées alors reçues, l'unité fondamentale du système métrique. Bientôt après, cette méridienne fut prolongée par Biot et Arago jusqu'aux Baléares.

Les ingénieurs géographes ont recueilli l'héritage des astronomes de l'Académie des sciences et étendu leur œuvre magistrale. C'est sur la grande chaîne de triangles qui se prolonge sans interruption de Dunkerque à Formentera, qu'ils ont appuyé les opérations géodésiques de 1er ordre, servant de base à la grande carte de France à 1/80,000^e, et qu'ils ont commencé à établir cet immense réseau qui, continué, à partir de 1831, par les officiers du corps d'état-major, constitue les triangulations de 2e et de 3e ordre dont les mailles serrées couvrent toute la surface du territoire. Une pléiade de savants, parmi lesquels il faut citer en première ligne : Brossier, Brousseaud, Henry, Bonne, Puissant, Corabœuf, Peytier, Testu, ont attaché leurs noms à ces remarquables opérations.

Pendant longtemps les méthodes d'observation et de calcul inaugurées par Delambre et appliquées avec succès par les ingénieurs géographes ont été considérées comme atteignant les dernières limites de la perfection. A l'étranger elles ont servi de point de départ aux nouvelles méthodes imaginées par Gauss et Bessel.

Mais l'introduction dans la science géodésique de ces méthodes nouvelles et les progrès réalisés dans les instruments par l'art du constructeur ont amené les triangulations modernes à un tel degré de précision que les incertitudes et les erreurs subsistant dans l'ancien réseau français ne pouvaient plus être admises.

Dans le but de les rechercher et de les faire disparaître, le Ministère de la guerre donna, en 1869, au Dépôt de la guerre, sur l'initiative du Bureau des longitudes, l'ordre d'entreprendre une nouvelle mesure de la méridienne de France. Cette mesure, poursuivie sans interruption pendant 18 ans sous la direction du général Perrier, est aujourd'hui achevée. Elle sera complétée par une mesure nouvelle des portions de chaîne, assez rares d'ailleurs, du réseau français, où cette nouvelle méridienne a révélé des erreurs. L'œuvre de revision du canevas de la carte de France sera complétée par des mesures de latitudes, longitudes et azimuts, dont une partie est déjà effectuée.

Pour l'exécution de ces divers travaux de haute précision et du canevas de la carte nouvelle d'Algérie et de Tunisie, le Service géographique a dû renouveler son matériel d'observation. La méthode de la réitération a remplacé, dans les instruments destinés aux mesures d'angles, la méthode de la répétition; les appareils destinés à la mesure des bases ont été construits sur un nouveau principe dû à Porro ; on a emprunté aux astronomes leurs instruments les plus délicats et leurs méthodes les plus parfaites pour la détermination des coordonnées.

C'est de l'ensemble de ces perfectionnements que sont sortis les instruments dont la remarquable collection forme une des parties de l'exposition du Service géographique.

Les **Spécimens cartographiques** ont été choisis de manière à constituer une sorte d'histoire générale de la topographie en France depuis le commencement du XVIIIe siècle jusqu'à l'époque actuelle.

Dans l'*Exposition rétrospective* on a réuni toutes les

œuvres qui ont précédé la publication, en 1833, de la 1re livraison de la grande carte de France au 80,000e.

L'*Exposition moderne* se compose de toutes les cartes parues depuis cette époque.

Cette division s'explique par ce fait que la carte de l'État-major marque une véritable révolution dans l'histoire de la topographie.

Au XVIIe siècle et pendant une partie du XVIIIe, le figuré du terrain était exprimé sur les cartes comme sur des vues en perspective cavalière. Cette méthode, qui a conservé longtemps des partisans parmi les géographes distingués, consistait à projeter ou à mettre en perspective le contour apparent des montagnes sur de petits plans inclinés rabattus ensuite et confondus avec le plan horizontal. On avait étendu ce procédé à la représentation des rochers, des arbres, des villes, des villages et d'une foule d'autres objets alors même que leurs formes et la grandeur de l'échelle auraient permis de les dessiner par leurs traces horizontales. La carte du Haut-Dauphiné et du comté de Nice par Bourcet (1760) est le type des cartes exécutées suivant ce premier système.

Un autre artifice, utilisé déjà avant Bourcet, est celui des *lignes de plus grande pente*. On imagine, par la pensée, les courbes que décriraient, sur les surfaces du terrain, des gouttes de pluie ou d'autres corps soumis aux lois de la pesanteur ; on détermine à vue les projections de ces courbes, et c'est par ces projections qu'on désigne les courbures variées des hauteurs, dont elles représentent dans toutes les directions les pentes les plus rapides. Cette méthode, inaugurée par Masse, ingénieur du roi, dans sa carte du Poitou, est celle dont s'est servi Cassini pour sa carte de France.

Les ingénieurs géographes perfectionnèrent ce deuxième

mode de représentation du terrain et adoptèrent les principes de la lumière oblique qui donne un relief puissant
aux accidents du sol. La carte des Chasses et la carte de
l'île de Corse au 100,000ᵉ peuvent être considérées comme
leurs œuvres les plus remarquables.

Les cartes exécutées suivant les trois méthodes ainsi
définies figurent dans la salle de l'*Exposition rétrospective*
et sont groupées de la manière suivante :

Paroi **a**. — Méthode de la perspective cavalière.
Paroi **b**. — Méthode adoptée par Cassini.
Paroi **c**. } Méthode des ingénieurs-géographes.
Paroi **d**. }

La carte de France au 80,000ᵉ est le type d'un quatrième
système de représentation du sol qui n'est, en réalité,
qu'une modification du système mis en pratique par les
ingénieurs-géographes. La hachure tracée toujours suivant les lignes de plus grande pente est fractionnée et soumise à un diapason ou échelle de pentes, établi mathéma-
tiquement d'après l'inclinaison des pentes : la lumière est
supposée frappant verticalement la surface du sol et non
plus obliquement.

Depuis une vingtaine d'années, la méthode de figurer le
terrain par les courbes horizontales tend à remplacer la
précédente.

En outre, l'époque actuelle semble préférer les cartes
imprimées en plusieurs couleurs et rechercher les moyens
d'exécution rapides. Par suite, la gravure sur cuivre se
trouve délaissée et remplacée souvent par la gravure sur
pierre ou sur zinc et par l'héliogravure.

La salle de l'*Exposition moderne* contient toutes les cartes
dressées au Dépôt de la guerre suivant les deux dernières
méthodes.

Paroi **m**.— Cartes de France gravées sur cuivre.

Paroi **n**. — Cartes de France gravées sur zinc et imprimées en couleurs. — Photographies. — Plan relief.

Paroi **o**. — Cartes d'Algérie et de Tunisie gravées sur zinc, en couleurs.

Paroi **p**. — Cartes d'Afrique et cartes du Tonkin gravées sur pierre et sur zinc ou héliogravées.

Quelques explications sur les instruments et les cartes compléteront avantageusement ce rapide exposé (1).

---

(1) Des croquis placés à la fin de cette notice indiquent le dispositif de l'Exposition du Service géographique de l'armée et les numéros d'ordre affectés à chacun des objets exposés.

INSTRUMENTS

I. — EXPOSITION RÉTROSPECTIVE

ASTRONOMIE ET GÉODÉSIE

CERCLES RÉPÉTITEURS ASTRONOMIQUES

1. Gambey.. .... 18 pouces.

2. Lenoir........ 18 —

Ces deux beaux cercles ont été employés par les ingénieurs-géographes à la détermination des latitudes et azimuts astronomiques aux stations fondamentales du réseau
français.

CERCLES RÉPÉTITEURS GÉODÉSIQUES

3. Bellet.......... 13 pouces (1803).

4. Jecker......... 10 —

5.   —   8   —   avec boussole au centre.

6.   —   6   —

7. Gambey .... 13 —

8.   —   10   —

9.   —   8   —

10. Lennel........ 10   —

THÉODOLITES

11. Gambey . . . . 13 pouces (deux).

12.   —   10   —

13.   —   8   —

Ces divers instruments ont été employés par les ingénieurs-géographes et les officiers d'état-major dans la mesure des angles aux stations géodésiques du réseau français de 1800 à 1860.

TOPOGRAPHIE ET LEVÉS DE PRÉCISION

---

14. Graphomètre à pinnules, divisions en transversales, rayon du demi-cercle $0^m,18$, avec boussole et ornements divers. PIERRE SEVIN, à Paris, et SAVART, École de Mézières.

15. Graphomètre à pinnules, divisions en transversales, rayon du demi-cercle $0^m,11$, avec boussole et ornements divers. PIERRE SEVIN, à Paris.

16. Graphomètre à lunettes plongeantes, divisions en degrés avec verniers, rayon du demi-cercle $0^m,17$, avec boussole et ornements divers. Canivet à la sphère, Paris, 1759.

17. Graphomètre à lunettes plongeantes, divisions en degrés avec verniers, rayon du demi-cercle $0^m,17$, avec boussole et ornements divers. Canivet à la sphère. Paris, 1763.

18. **Théodolite** (petit), diamètre du cercle 0^m,12, hauteur au-dessus du pied 0^m,16; le pied à trois simples est d'une forme particulière. JECKER, à Paris.

19. Équerre d'arpenteur, avec pinnules fixes et alidades à pinnules, MOUROT-BILLY, 1759.

20. Boussole nivelante, de l'École de Metz.

21. Boussole à viseur, de l'École de Metz.

22. Boussole nivelante, avec fil à plomb pour les pentes. BELLET, à Paris.

23. Boussole nivelante du commandant Bichot. GRAVET, à Paris.

24. Niveau de précision de Lennel, à Paris.

25. Niveau de précision de Kruines, à Paris.

26. Pied de planchette à mouvements, École de Mézières.

27. Pied de planchette à mouvements de Cugnot.

28. Déclinatoire (grand). BELLET, à Paris.

29. Rapporteur en cuivre. BELLET, à Paris.

30. Alidade en cuivre à pinnules, avec échelle en transversales sur la règle.

31. Sextants.

II. — EXPOSITION MODERNE

ASTRONOMIE ET GÉODÉSIE

32. Appareil bimétallique pour la mesure des bases géodésiques, construit par BRUNNER FRÈRES, à Paris. — Cet appareil se compose essentiellement de deux règles, l'une en platine et l'autre en cuivre, de 4 mètres de longueur, formant par leur superposition un thermomètre métallique ; il est destiné à mesurer la distance entre les axes de microscopes indépendants, placés successivement sur l'alignement de la base. Les règles reposent sur des coussinets fixés à un banc en fer en forme de T. Les microscopes sont à. micromètre à fil mobile. Les accessoires comportent des supports, des lunettes d'alignement, un appareil de fin de journée, etc.

La règle de platine iridié (10 pour 100 d'iridium) a été fondue chez Mathey, à Londres, après analyse et réception de l'échantillon par M. Sainte-Claire Deville.

33. Appareil monométallique pour la mesure des bases, construit par BRUNNER FRÈRES, à Paris. — Très semblable au précédent comme dispositions générales, cet instrument en diffère par la règle, qui est un T en fer, de 4 mètres de longueur, portant neuf mouches en argent sur lesquelles sont tracés des traits de demi-mètre en demi-mètre. La température, pendant la mesure, est donnée par des thermomètres fixés à la règle. Cet appareil est surtout destiné à la mesure des bases de vérification, l'appareil bimétallique étant réservé aux bases fondamentales.

34. Cercle méridien portatif, construit par BRUNNER FRÈRES, à Paris. — Employé pour les observations astronomiques qui ont pour but la détermination des coordonnées géographiques.

Ouverture de l'objectif... $0^m,065$.
Distance focale......... $0^m,80$.
Grossissement......... 80 fois.

Le réticule comporte 14 fils horaires fixes pour les observations de passage par enregistrement et un fil horizontal pour la mesure des hauteurs. L'oculaire possède un micromètre à compteur avec un fil mobile parallèle aux fils horaires.

35. Cercle azimutal réitérateur à quatre microscopes, construit par BRUNNER FRÈRES, à Paris. — Sert à la mesure des angles dans les stations géodésiques de 1er ordre. Caractérisé par la substitution des microscopes aux verniers, par l'adjonction à l'oculaire d'un réticule à fil mobile et à vis micrométrique et par l'emploi de la méthode dite de réitération, due à Tobie Mayer. Le limbe a $0^m,42$ de diamètre, l'ouverture libre de l'objectif est $0^m,053$, le grossissement est de 40 fois.

36. Cercle azimutal réitérateur à quatre microscopes, modèle réduit de BRUNNER, construit dans les ateliers du Service géographique. — Cet instrument, plus portatif que le grand cercle, est employé plus spécialement dans les contrées éloignées et d'un parcours difficile, comme les hauts plateaux de l'Algérie et le Sud tunisien.

Sa précision n'est pas beaucoup inférieure à celle du grand modèle.

37. Cercle azimutal réitérateur à deux microscopes, modèle Brunner, construit dans les ateliers du Service géographique. — Plus commode que le théodolite, cet instrument permet d'exécuter rapidement et avec une grande précision les triangulations de 1er ordre qui n'ont qu'un but cartographique.

38. Théodolite réitérateur (grand modèle), construit par Brunner frères, à Paris. — Employé aux mesures d'angle de 2e ordre et aux nivellements géodésiques.

39. Théodolite réitérateur (dit de campagne), construit par Brunner frères, à Paris. — Destiné surtout à faire le point en voyage ou en reconnaissance. Muni d'un éclairage de nuit.

40. Théodolite de reconnaissance, modèle Brunner, construit dans les ateliers du Service géographique.

41. Théodolite topographique ou de campagne, modèle du Service géographique, construit dans les ateliers du Service géographique.

42. Projecteur de lumière électrique du colonel Mangin avec lampe Serrin, construit par Sautter et Lemonnier, à Paris. — Appareil qui a servi à produire les signaux lumineux dans la jonction géodésique de l'Espagne avec l'Algérie. Ces signaux étaient parfaitement visibles à l'œil nu à **272** kilomètres.

43. Lunette nadirale, construite par Brunner frères,

à Paris. — Sert à repérer le centre de la station géodésique sur les signaux en charpente.

44. Héliotrope de Gauss, construit par Brunner frères, à Paris.

45. Héliostat à main et planchette directrice. — Employés couramment au Service géographique pour la production des signaux solaires aux stations de 1er ordre.

46. Pendules réversibles du commandant Defforges, construits par Brunner frères, à Paris. — Ces pendules, destinés à la mesure de l'intensité absolue de la pesanteur, éliminent par la méthode d'observation elle-même, sans correction, toutes les causes d'erreur connues, y compris le mouvement du support. Ils peuvent être observés dans le vide.

47. Pendules réversibles inversables du commandant Defforges, construits dans les ateliers du Service géographique. — Destinés à la mesure de l'intensité relative, ils dispensent de la correction due à la présence de l'atmosphère. Ils sont employés à ces mesures au Service géographique concurremment avec le synchronisme de M. Cornu.

48. Comparateur à deux microscopes et mètre étalon, construits par Brunner frères, à Paris. — Ce bel appareil sert à la mesure de la distance des arêtes des couteaux des pendules dans les mesures de la gravité absolue. Il peut être employé à la comparaison de deux étalons du mètre.

TOPOGRAPHIE ET LEVÉS DE PRÉCISION

49. Tachéomètre du Génie, construit par TAVERNIER-GRAVET, à Paris, et **Enthymètre.** — Le tachéomètre, dont le principe est dû à Porro, est un instrument goniométrique qu'on oriente avec un déclinatoire. Il porte un éclimètre et une lunette stadimétrique anallatique. La stadia est portée par l'enthymètre. Un niveau mobile, qui peut être fixé à la lunette, permet de faire, à l'aide de cet instrument, un nivellement direct avec la mire. Les limbes donnent le centigrade à l'estime.

50. Tachéomètre Goulier, construit par BROSSET, à Paris. — Les alidades sont flexibles, ce qui empêche les grippements; les verniers donnent le centigrade à l'estime; la disposition de ces verniers et des loupes facilite les lectures. On annexe à volonté à la lunette une nivelle mobile avec laquelle la précision du nivellement est quintuplée; deux miroirs facilitent les calages des deux fioles, ce qui abrège et assure la précision de ces calages. On peut à volonté diviser une des moitiés de l'éclimètre en facteurs donnant les différences de niveau pour les mètres lus sur la stadia. En employant simultanément cette division avec la stadia à hausse, on abrège notablement les calculs des différences de niveau.

51. Homolographe de Wagner et Peaucelier, construit par BRUNNER. — Cet instrument fait par rayonnement, automatiquement et avec économie de temps, le plan au 1/1000ᵉ et le nivellement d'un terrain.

La lunette de l'instrument étant pointée sur un stadimètre à branches fixes, placé en un point du terrain, le fil stadimétrique fixe et le fil stadimétrique mobile bissectant deux traits convenablement choisis de la stadia, un piquoir sert à marquer la position du point choisi sur la mappe, et l'opérateur lit l'altitude du point sur l'échelle de l'équerre-mire préalablement réglée.

52. Boussoles à éclimètre Parent.

53. — **Maissiat.**

54. — **Georges.**

55. — **Brosset.**

56. — **Goulier.**

Ces instruments ont servi et servent encore à l'exécution des minutes topographiques au 1/40,000e de la carte de France et des cartes d'Algérie et de Tunisie.

57. Alidade à éclimètre de Brunner. — Cette alidade, munie d'un éclimètre, a pour objet de permettre à la fois l'exécution d'une triangulation graphique par rayonnement et la mesure des distances zénithales.

58. Niveaux de précision Bourdaloue.

59. — **Brosset.**

60. — **Tavernier.**

61. — **Balbreck.**

62. — **Brunner.**

63. — **Berthélemy.**

64. Règle-éclimètre

65. Planchette...... } **du colonel Goulier,** construits par TAVERNIER.

66. Déclinatoire....

La règle à éclimètre est formée d'un éclimètre à lunette coudée, monté sur une règle à calcul. Elle s'emploie avec la planchette déclinée et un jalon mire à trois voyants. Les images formées sur un tableau micrométrique permettent d'estimer les distances suivant la pente et d'évaluer cette dernière à 2′ ou 3′ près.

CARTES

I. — EXPOSITION RÉTROSPECTIVE

1. CÉVENNES (Carte des).

Cette carte date de 1703. Le but pour lequel elle a été dressée est indiqué par son titre :

« Les montagnes des Sévennes où se retirent les *fanatiques du Languedoc* et les plaines des environs où ils font leurs courses, avec les grands chemins royaux faicts par l'ordre du Roy pour rendre ces montagnes praticables, sous les soins de M. de Basville, intendant du Languedoc. »

La montagne est représentée en perspective cavalière.

2. PYRÉNÉES (Carte générale des Monts) et partie des royaumes de France et d'Espagne au 43,200°, par Roussel, ingénieur du roi, 1730 ; gravure sur cuivre, 8 feuilles.

La carte des monts Pyrénées est l'œuvre la plus ancienne dont le Service géographique ait conservé les cuivres. Son cadre, orné dans le style de l'époque, comprend la chaîne entière des Pyrénées et les parties limitrophes de la France et de l'Espagne. Le figuré du terrain est exprimé suivant l'ancienne méthode de la perspective cavalière.

3. DAUPHINÉ (Carte géométrique du Haut-), de la frontière ultérieure et du comté de Nice, levée sous la direction du

général DE BOURCET et dressée par VILLARET, ingénieur-géographe des camps et armées, de 1749 à 1754, au 86,400e ; gravure sur cuivre, en 9 feuilles.

Cette carte est un des plus beaux spécimens de l'ancienne topographie. Les accidents du sol y sont représentés en perspective cavalière. Son titre forme un magnifique frontispice admirablement dessiné par Gravelot et gravé par Le Myre, dont les personnages figurent les principaux cours d'eau originaires des Alpes, entourés des divers attributs de la géographie.

4. ALPES FRANÇAISES (Carte des), réduite d'après celle du général DE BOURCET, comprenant tout le Haut-Dauphiné et le comté de Nice.

C'est plutôt un tableau d'assemblage de la carte précédente qu'une carte nouvelle. La planimétrie est assez bien gravée, mais la montagne est à peine indiquée.

5. POLOGNE (Carte de la), au 700,000e, par RIZZI ZANNONI, gravée sur cuivre à l'étranger, 1772 ; 25 feuilles et un plan de Varsovie.

Cette carte s'étend de Cracovie à la mer Baltique ; bien que gravée à l'étranger, elle donne les noms en français. Le pays est plat en général, les quelques chaînes de montagnes qui s'y trouvent sont dessinées en perspective cavalière.

Le titre de la carte forme une jolie gravure à personnages allégoriques.

6. DÉLIMITATION de la FRANCE, de la SAVOIE et du PIÉMONT (Carte géométrique de la), levée sous la direction du général DE BOURCET et de M. DE FONCET, commissaires respectifs des deux gouvernements, et dressée par VILLARET, capitaine ingénieur-géographe, au 28,800e, en 1760 ; gravure sur cuivre, 14 feuilles.

Le spécimen exposé comprend les deux premières feuilles du cours du Var.

La montagne est représentée en perspective cavalière, comme dans la carte du Haut-Dauphiné (n° 2), mais la méthode est perfectionnée.

7. WESTPHALIE (Carte du cercle de), où sont les comtés d'Ostfrise, d'Oldenbourg, etc., au 703,542e, par le chevalier DE BEAURAIN, géographe du roi, 1759 ; gravure sur cuivre, 1 feuille.

La montagne, très peu accentuée, est représentée suivant la méthode de la perspective cavalière.

8. TYROL (Carte du), au 140,308e, publiée en l'an IX au Dépôt de la guerre et augmentée du Vorarlberg en 1808 ; gravure sur cuivre, 9 feuilles.

Vérifiée et corrigée sur les mémoires de Dupuits et de La Luzerne, cette carte est la réduction de la carte d'Anich et d'Hueber, dite *des paysans*. Comme sur l'original, la montagne y est dessinée en perspective cavalière. Elle a été exécutée au Dépôt de la guerre pour servir pendant les campagnes faites par les Français dans le Tyrol, au commencement de ce siècle.

9. Minute manuscrite de la carte du Poitou, Aunis et Saintonge, par les frères MASSE, ingénieurs du roi (1696-1721).

Les frères Masse inaugurèrent la méthode de représentation du terrain adoptée plus tard par Cassini. Le dessin de ces minutes est remarquable ; il n'a pas été reproduit par la gravure.

10. FRANCE (Carte géométrique de la), dite « **Carte de Cassini** », levée par ordre du gouvernement, sous la direction de Cassini de Thury, Camus et Montigny, 1744, au 86,400ᵉ ; gravure sur cuivre, 184 feuilles.

La carte de Cassini est la première des cartes topographiques de l'Europe dont les levés de détail aient été appuyés sur la mesure régulière d'un arc de méridien et sur des opérations géodésiques aussi rigoureuses que le permettait l'état de la science. Entreprise en 1733, elle n'a pu être entièrement livrée au public qu'en 1815. On la nomme aussi *Carte de l'Académie*.

Le figuré du terrain est exprimé par de longues hachures dirigées du sommet des crêtes jusqu'au fond des vallées, suivant les lignes de plus grande pente ; elle ne contient ni cotes d'altitude, ni tracé de méridiens et de parallèles.

Le spécimen exposé comprend un assemblage des feuilles constituant la *frontière des Alpes*.

11. Minute manuscrite de la carte de Cassini.

Le cadre contient la minute du levé d'un fragment de feuille et la gravure exécutée d'après cette minute.

12. FRANCE (Carte de la) au 345,600ᵉ, dressée par Louis Capitaine, associé et premier ingénieur de la carte de France par Cassini, revue et augmentée par Belleyme ; gravure sur cuivre, 24 feuilles.

La carte de Capitaine est une réduction au quart de celle de Cassini. Le Dépôt de la guerre en acquit les cuivres en 1815, la perfectionna et l'agrandit jusqu'au delà du Rhin et des Alpes ; sa publication date de 1822. Chaque feuille comprend exactement 16 feuilles de la carte de Cassini. La planimétrie est la reproduction à peu près complète de celle de Cassini, mais les massifs

montagneux sont plutôt traités suivant la méthode adoptée par les ingénieurs-géographes, c'est-à-dire éclairés
d'après le système de la lumière oblique ; elle ne donne
aucune cote d'altitude.

13. RAMBOUILLET et SAINT-HUBERT (Carte géométrique des environs de) au 43,200e, exécutée par les ingénieurs-géographes, 1764 ; gravure sur cuivre, 2 feuilles.

Cette carte a été dressée pour servir aux chasses du roi ; elle est à l'échelle double de la carte de Cassini.

14. CAMBRAI (Carte géométrique du diocèse de), au 86,400e, dressée par VILLARET, capitaine ingénieur-géographe, 1769 ; gravure sur cuivre, 4 feuilles.

Dessinée à la même échelle que la carte de Cassini, elle lui ressemble beaucoup comme exécution. Cependant la gravure en est plus fine ; celle-ci est, du reste, l'œuvre de Guillaume de la Haye, l'un des meilleurs graveurs de cartes du siècle dernier.

15. HESSE-CASSEL (Carte du landgraviat de), au 184,000e, publiée par le chevalier DE BEAURAIN, géographe ordinaire du roi, 1769 ; gravure sur cuivre, 4 feuilles.

Le spécimen exposé se compose des deux feuilles méridionales. Cette carte est une des plus exactes de l'époque à laquelle elle a paru. La montagne y est représentée suivant la méthode adoptée par Cassini.

16. LANGUEDOC (Carte du canal de la province de) au 17,280e, par l'ingénieur GARIPUY, 1771 ; gravure sur cuivre, 15 feuilles.

Cette carte, levée aux frais des États généraux de la province, est divisée en quatre parties. Elle est bien

gravée ; chaque partie est ornée de vignettes et entourée
d'un beau cadre. La montagne est représentée suivant le
système des longues hachures.

Le spécimen exposé se compose de la quatrième partie
et d'un fragment de la troisième.

17. LANGUEDOC (Carte générale du canal de la province de) au 86,400e, par GARIPUY, ingénieur ; gravure sur
cuivre, 3 feuilles.

Réduction de la carte précédente faite à l'échelle de
la carte de Cassini. Elle a été exécutée et gravée par
ordre et aux frais des États généraux de la province,
en 1771.

Le spécimen exposé comprend la première feuille et
une partie de la deuxième.

18. PARIS (Carte des rivières qui servent à l'approvisionnement de) au 360,000e; gravure sur cuivre,
2 feuilles.

Levée par ordre de MM. les prévôt des marchands et
échevins de Paris en 1785, cette carte est entièrement
planimétrique. Elle indique exclusivement le cours de la
Seine et des rivières qui l'alimentent en amont de Paris.
Le titre est orné d'une jolie gravure à personnages
allégoriques.

19. SÉNART (Carte topographique de la forêt de) au
14,600e, par dom COUTANS, bénédictin de l'abbaye de Lagny :
gravure sur cuivre, 1 feuille.

Le terrain est exprimé suivant la méthode de Cassini ;
le feuillé des bois est d'une belle gravure.

20. CHAMPAGNE et BRIE (Carte de), dressée géométri-

quement par Bazin, au 284,659e, 1790; gravure sur cuivre,
2 feuilles.

Cette carte paraît être une réduction de la carte de
Cassini, dont elle a adopté la méthode de représentation
de la montagne. Elle a été exécutée sous les auspices des
officiers municipaux de la ville de Troyes, par Bazin,
professeur de mathématiques à l'École gratuite des arts
de la même ville.

21. GUYENNE (Carte de la), par Belleyme, au 43,200e, 1813;
gravure sur cuivre, 52 feuilles.

Commencée plusieurs années avant la Révolution, cette
carte fut interrompue en 1793, reprise en 1804 et conti-
nuée par l'auteur jusqu'en 1813. Propriété particulière
des départements de la Gironde, de la Dordogne, des
Landes et du Lot-et-Garonne, qui en avaient fait les
frais, elle fut acquise en 1828 par le ministère des
finances, puis remise au Dépôt de la guerre peu de temps
après. Le figuré du terrain est exécuté suivant le système
adopté par Cassini.

**22. VERSAILLES (Carte topographique des environs
de)**, dite « **des Chasses du Roi** », au 28,800e, levée et
dressée de 1764 à 1773 ; gravée sur cuivre au Dépôt de la
guerre, 12 feuilles.

La carte des chasses fut entreprise par le colonel
Berthier, chef des ingénieurs-géographes, dans le but
de former des ingénieurs-géographes. Elle s'étend autour
de Versailles, qui en occupe le centre, dans un rayon de
25 à 30 kilomètres, jusques et au delà de Mantes, Gonesse,
Épernon, Corbeil.

La planimétrie en est faite avec le plus grand soin. Le
figuré du terrain rappelle la manière de Cassini.

La gravure de cette carte est regardée comme un chef-d'œuvre.

23. Minute de la carte des Chasses.

La minute exposée est celle du levé des environs de Sarcelles ; au-dessous, on a placé l'interprétation faite par la gravure.

24. HUNSDRÜCK (Carte du) au 100,000ᵉ, reconnaissance militaire, 1798 ; gravure sur cuivre, 6 feuilles.

Cette carte fut dressée l'an vɪ de la République française, par les soins du général Hardy, à la suite d'une reconnaissance dirigée dans le pays entre Rhin et Moselle.

Le titre est illustré d'une gravure artistique, qui représente sous des figures allégoriques le Rhin et la Moselle confondant leurs eaux.

Les cuivres de la carte du Hundsrück furent donnés au Dépôt de la guerre par les fils du général Hardy.

25. SAINT-DOMINGUE (Carte politique de) au 600,000ᵉ, par Legritz, Levassor et Bourjolly, colons propriétaires, an xɪ ; gravure sur cuivre, 1 feuille.

Elle indique les portions de territoire occupées à cette époque par les Européens, les établissements cultivés par les nègres et les garnisons militaires. Dressée à la suite de l'expédition de Saint-Domingue, dont faisait partie le général Hardy, cette carte fut probablement exécutée sous son inspiration. La montagne y est représentée suivant un système qui tient à la fois de la méthode de Cassini et de la perspective cavalière.

26. FONTAINEBLEAU (Carte des Chasses de) au 34,560ᵉ, levée en 1809 ; gravure sur cuivre, 1 feuille.

Très bien gravée, cette carte représente, avec la carte

des chasses de Versailles, la première manière des ingénieurs-géographes.

27. ITALIE (**Carte générale du théâtre de la guerre
en**) et dans les Alpes, depuis le passage du Var, le 29 septembre 1792, jusqu'à la soumission de Naples, le 24 décembre 1798,
par le général BACLER D'ALBE, chef du bureau topographique de
Bonaparte pendant la campagne d'Italie, dressée au 256,000ᵉ,
1801 et 1802 ; gravure sur cuivre, 56 feuilles.

La topographie de cette carte est vigoureusement et
largement accentuée. Le figuré du terrain dérive encore
de la méthode de Cassini, mais très perfectionnée.

Le spécimen exposé représente toute l'Italie septen-
trionale et une grande partie de l'Italie méridionale.

Le titre est orné d'une gravure représentant Bonaparte
délivrant l'Italie.

28. ITALIE (**Carte générale de la campagne de l'armée de réserve en 1800, en**) au 500,000ᵉ, 1806 ; gravure
sur cuivre, 1 feuille.

Cette carte, réduction d'une partie de la précédente,
comprend la chaîne des Alpes avec ses principaux pas-
sages et le bassin supérieur du Pô jusqu'à Mantoue. Elle
indique les marches, engagements et combats, qui ont
précédé la bataille de Marengo du 24 floréal au 25 prairial
an VIII (1800), ainsi que les noms des généraux commandant les divisions et les corps d'armée, et la position des
troupes le jour de la bataille.

La montagne est éclairée par la lumière oblique.

29. **NAPLES** et la **CAPITANATE**.

Extrait de la carte générale du théâtre de la guerre en
Italie, par le général Bacler d'Albe.

30. ALPES (**Carte topographique des**), comprenant le Piémont, la Savoie, le comté de Nice, le Valais, le duché de Gênes, le Milanais et partie des États limitrophes, dressée au 200,000ᵉ par RAYMOND ; 12 feuilles.

Les cuivres de cette carte ont été achetés par le Dépôt de la guerre vers 1860. La montagne, éclairée à la lumière oblique, a beaucoup de relief.

Quelques feuilles ont été tenues au courant des chemins de fer.

31. ESPAGNE (**Carte de la partie nord-est de l'**), faisant suite à la carte de France de CAPITAINE, dressée au Dépôt de la guerre au 345,600ᵉ, 1822 ; gravure sur cuivre, 13 feuilles.

Cette carte est limitée au sud par le parallèle de Valence, à l'ouest par le méridien de Valladolid.

La montagne y est traitée d'après la manière des ingénieurs géographes ; elle est éclairée suivant les principes de la lumière oblique.

32. ÉGYPTE (**Carte topographique de l'**) et de plusieurs parties des pays limitrophes, levée pendant l'expédition de l'armée française par les ingénieurs-géographes et construite par M. JACOTIN, colonel au corps des ingénieurs-géographes ; gravée sur cuivre au Dépôt de la guerre, au 100,000ᵉ, 47 feuilles.

Le spécimen exposé est constitué par l'assemblage d'une partie des feuilles de Le Caire, Ventre de la Vache, Memphis, Pyramides de Gizeh, Menouf et Bubaste. Les noms y sont écrits à la fois en français et en caractères arabes. La gravure de cette carte est remarquable ; les planches de cuivre sont déposées au musée de chalcographie du Louvre. Le Service géographique possède seulement les reports sur zinc de 23 feuilles, complétées en 1882 par l'addition des chemins de fer et du canal de Suez.

33. MORÉE et des CYCLADES (Carte générale de la) au
600,000ᵉ, par le commandant PUILLON-BOBLAYE, ingénieur-géographe, 1833 ; gravure sur cuivre, 1 feuille.

Cette carte est une réduction d'une carte de Grèce au
200,000ᵉ, dressée par le Dépôt de la guerre. Elle est
remarquable par la manière dont la montagne est groupée ; c'est un modèle de carte chorographique. Les noms
anciens y sont indiqués à côté des noms nouveaux.

34. SOUABE (Carte topographique de l'ancienne) et
d'une portion des pays limitrophes au 100,000ᵉ, publiée de 1818
à 1821 ; gravée sur cuivre au Dépôt de la guerre, 18 feuilles.

Cette carte fut commencée par les soins et aux frais du
général Moreau, sous la direction du général Guilleminot.
Les levés sur le terrain furent exécutés au 50,000ᵉ, de
1801 à 1802, mais la gravure fut retardée par les guerres
de l'empire.

Le figuré du terrain est exprimé par de courtes
hachures assez régulières, avec un léger effet de lumière
oblique ; c'est la deuxième manière des ingénieurs-géographes.

35. BAVIÈRE (Carte de la) au 100,000ᵉ ; gravure sur cuivre,
17 feuilles.

Le Dépôt de la guerre a gravé cette carte, qui fait suite
à la carte de la Souabe, d'après les levés commencés en
Bavière en 1801, par les ingénieurs-géographes français
et bavarois, sous la direction du colonel Bonne.

36. CORSE (Carte topographique de l'île de) au 100,000ᵉ,
dressée par ordre du gouvernement, d'après les opérations géodésiques du colonel TRANCHOT et les levés du cadastre exécutés
de 1770 à 1791, sous la direction des ingénieurs-géographes

Testevuide et Bedigis; gravée sur cuivre au Dépôt de la guerre, 1824 ; 8 feuilles.

La carte de la Corse est une des œuvres les plus remarquables des ingénieurs-géographes. La montagne, représentée en hachures, est éclairée par le système de la lumière oblique. C'est le dernier travail exécuté en France d'après cette méthode, qui a l'avantage de donner un relief frappant à la représentation des formes du sol, mais qui offre l'inconvénient de ne pas permettre la comparaison des pentes entre elles.

37. ARCHIPEL TOSCAN (Carte topographique de l') ou de l'île d'Elbe et des îles adjacentes, dressée et gravée sur cuivre au 50,000e, d'après les levés exécutés par les ingénieurs-géographes en 1802 et 1803 ; 1821 ; 1 feuille.

La gravure de cette carte est d'un fini achevé. Destinée à servir de modèle aux élèves graveurs, on peut la considérer comme le plus beau spécimen de gravure exécutée au Dépôt de la guerre. Le terrain accidenté de l'île d'Elbe est admirablement rendu par la méthode de la lumière oblique.

38. Minute de la carte dite « des Alpes de Savoie », exécutée par les ingénieurs-géographes en 1803 et 1804.

Les minutes de cette carte n'ont pas été reproduites par la gravure.

39. Minute de la carte des Alpes piémontaises.

Ces minutes, si remarquables par leur exécution, ont été dessinées par les ingénieurs-géographes pour une carte qui n'a pas été gravée.

40. Vue du fort de Covolo (dans la vallée de la Brenta).

La division du général Augereau enlève cette forte position. 7 décembre 1796.

Cette gravure est extraite de la collection des *vues des champs de bataille, combats, etc., qui ont eu lieu en Italie* pendant les campagnes de 1796, 1797 et 1800. Elle a été exécutée d'après les aquarelles du capitaine Bagetti, ingénieur-géographe.

41. Vue du défilé fortifié de La Cluse (dans la vallée d'Aoste). Les Français forcent l'ennemi à abandonner ce défilé (16 mai 1800).

Gravure extraite de la même collection (Voir n° 40).

42. Vue des ville et château d'Ivrée. L'avant-garde de l'armée française escalade la citadelle et entre de vive force dans la ville (21 mai 1800).

Gravure extraite de la même collection (Voir n° 40).

43. Vue du champ de bataille de Rivoli.

Gravure extraite de la même collection (Voir n° 40).

44. Plan du champ de bataille de Rivoli au 60,000^e.

Ce plan et la vue précédente se complètent l'un l'autre si l'on veut étudier le terrain de la bataille ; ce rapprochement permet aussi de vérifier l'exactitude de l'aquarelle exécutée par le capitaine Bagetti et de sa reproduction par la gravure.

45. LAON (Champ de bataille de).

Très belle gravure représentant le terrain sur lequel s'est livrée la bataille de Laon, en 1814.

46. FRANCE, les PAYS-BAS et le RHIN (Carte topographique des pays entre la) au 100,000e, en 15 feuilles, gravure sur cuivre.

Cette carte a été établie d'après les levés au 20,000e exécutés de 1801 à 1804 par les ingénieurs-géographes, sous la direction du colonel Tranchot. Elle fut d'abord connue sous le nom de *Carte des départements réunis*. Elle a été complétée, pour les chemins de fer, en 1867. La gravure sur cuivre a été exécutée de 1822 à 1848. La montagne est représentée d'une manière analogue à celle de la carte de France au 80,000e.

47. Vue du siège de Fribourg, prise de derrière les châteaux, par Cosette et Lenfant.

Ces deux artistes, attachés au Dépôt de la guerre vers le milieu du XVIIIe siècle, composèrent de magnifiques dessins relatifs aux actions les plus éclatantes des campagnes de Louis XIV et de Louis XV. Ces dessins furent utilisés pour l'exécution des grands tableaux qui figurent dans les galeries du musée de Versailles.

48. Carton contenant quelques exemplaires des cartes exécutées suivant la **méthode de la perspective cavalière** et suivant la **méthode adoptée par** Cassini, savoir :

Carte des monts Pyrénées (n° 2).
— du Haut-Dauphiné (n° 3).
— de la Pologne (n° 5).
— du Tyrol (n° 8).
— de France, par Cassini (n° 10).
— de France, par Capitaine (n° 12).
— de la forêt de Rambouillet (n° 13).
— de la Hesse-Cassel (n° 15).
— du canal du Languedoc (n° 16).

Carte des rivières qui approvisionnent Paris (n° 18).
— de la forêt de Sénart (n° 19).
— de la Champagne et Brie (n° 20).
— de la Guyenne (n° 21).

49. Carton contenant différentes épreuves des cartes exécutées suivant la **méthode des ingénieurs-géographes** :

Carte des chasses (n° 22).
— du Hundsrück (n° 24).
— des chasses de Fontainebleau (n° 26).
— de l'Italie (n° 27).
— de la campagne de l'armée de réserve, en 1800 (n° 28).
— du Nord-Est de l'Espagne (n° 31).
— de l'Égypte (n° 32).
— de la Morée et des Cyclades (n° 33).
— de l'ancienne Souabe (n° 34).
— de la Corse, au 100,000ᵉ (n° 36).
— de l'archipel Toscan (n° 37).
— des pays compris entre la France, les Pays-Bas et le Rhin (n° 46).
Plans de champs de bataille.
Vues de champs de bataille, gravées d'après les aquarelles de Bagetti.

50. Table-vitrine renfermant des planches de cuivre dont la gravure a été exécutée au XVIIIᵉ siècle ou au commencement du XIXᵉ.

II. — EXPOSITION MODERNE

51. FRANCE (Carte de la) au 80,000ᵉ, en 273 feuilles, dite
« Carte de l'Etat-Major » ; gravure sur cuivre.

L'exécution de la nouvelle carte de France, destinée
à remplacer la carte de Cassini reconnue insuffisante,
a été prescrite par ordonnance royale du 6 août 1817.
Les opérations géodésiques et topographiques commen-
cèrent simultanément le 1ᵉʳ avril 1818 ; la géodésie de
1ᵉʳ et 2ᵉ ordre était terminée en 1854, la triangulation
de 3ᵉ ordre en 1863, les levés topographiques en 1866,
la gravure en 1882. Les minutes au 40,000ᵉ ont été
exécutées par les officiers du corps des ingénieurs-géographes et du corps d'état-major, les réductions au
80,000ᵉ par les dessinateurs du Dépôt de la guerre.

Ce qu'il y a de plus frappant dans cette œuvre remarquable, dont la surface gravée couvrirait plus de 100
mètres carrés, et qui représente plus de 5,000 années
de travail fournies par près de 800 officiers ou artistes,
géodésiens, topographes, dessinateurs et graveurs, c'est
l'homogénéité, l'harmonie qui en caractérisent l'exécution. Les 273 feuilles qui la composent, gravées par
plus de 65 artistes différents, paraissent exécutées par
la même main.

Complètement livrée au public, elle est soumise à une
revision périodique sur le terrain et constamment tenue
à jour au moyen de l'édition zincographique.

Les dimensions de la carte de France au 80,000ᵉ,

13^m,20 de large sur 12^m,30 de hauteur, n'ont pas permis d'en faire figurer l'assemblage complet.

Le spécimen exposé représente la frontière des Alpes, depuis Grenoble jusqu'à Nice.

52. FRANCE (Carte de) au 80,000^e.

Frontière des Pyrénées, comprenant toute la chaîne de Bayonne à Perpignan et toute la région du Sud-Ouest jusqu'au parallèle de Bordeaux.

53. CORSE (Carte de l'île de) au 80,000^e; extrait de la carte de France de l'Etat-Major.

54. Minute de la carte de France au 80,000^e.

La minute exposée est la mise au net du travail exécuté au 40,000^e, sur le terrain, par les officiers chargés du levé de la carte de France, dite de l'État-Major. Elle correspond à la partie N.-O. de la feuille de Briançon.

55. Minute du dessin de la « montagne » exécutée pour la gravure de la carte de France au 80,000^e.

Le dessin de montagne exécuté au 80,000^e par un dessinateur, d'après le levé de l'officier, était destiné à servir de modèle au graveur. Le cadre comprend à la fois le travail du dessinateur et l'interprétation qui en a été faite par la gravure.

56. FRANCE (Carte de la) au 320,000^e, en 33 feuilles, gravure sur cuivre; réduction au quart de la carte de l'État-Major au 80,000^e.

Cette carte a été gravée et publiée de 1852 à 1883. C'est une véritable carte communale de la France; on n'y a fait figurer que les principales voies de communication et les centres administratifs jusqu'aux chefs-lieux de commune inclusivement. Les formes du terrain ont été généralisées de manière à être en rapport avec l'échelle.

57. CORSE (Carte de l'île de) au 320,000e ; extrait de la carte de France au 320,000e.

58. FRANCE (Carte chorographique de la) au 600,000e ; gravure sur cuivre, en cours d'exécution.

Cette carte comprend, en 6 feuilles, la France entière, ainsi qu'une partie des territoires limitrophes jusqu'au méridien : *Francfort, Schaffouse, Verceil.* La montagne, représentée par des hachures, est éclairée par la lumière verticale, rehaussée, dans certains cas, par un léger effet de lumière oblique.

59. DÉPARTEMENT de la SEINE (Carte du) au 40,000e, gravée sur cuivre ; 9 feuilles.

Cette carte comprend, malgré son titre, une grande partie du département de Seine-et-Oise, ainsi que la portion occidentale du département de Seine-et-Marne, et correspond exactement, comme territoire, à la *Carte des environs de Paris* au 20,000e, en couleurs, exposée sous le n° 73 ; elle est une réduction des levés au 10,000e exécutés de 1818 à 1821 par les *ingénieurs-géographes.*

Exécutée et gravée sous la direction du général Pelet, elle constitue un beau spécimen de gravure sur cuivre ; elle a été mise à jour d'après une revision faite sur le terrain en 1882.

60. FRANCE (Plan des environs des villes de) au 20,000e, gravure sur cuivre. Ces plans sont anciens et ne sont pas tenus à jour.

Les plans exposés sont ceux de Besançon, Épinal et
·Rouen.

61. Minute de la carte spéciale du Mont-Blanc.

Ce cadre renferme le dessin du levé exécuté par M. le
capitaine Mieulet, en 1864, pour la carte spéciale du
Mont-Blanc.

62. Briançon et ses environs, dessin manuscrit au 10,000ᵉ,
par M. Déguilly, capitaine d'état-major.

63. Le plateau de Gergovie, dessin manuscrit et sa reproduction par la gravure.

64. Plan de Clermont et environs, levé en 1842, au
5,000ᵉ, par M. de Saint-Hypolite, lieutenant-colonel au corps
d'Etat-Major.

65. SAINT-CLOUD (Plan de) et de ses environs, au 5,000ᵉ, levé
en 1845 par les officiers du corps d'État-Major, sous la direction
du général Pelet.

Très beau plan, remarquable par son exactitude et le
fini de sa gravure.

**66. FRANCE (Essais d'une nouvelle carte topogra-
phique de la)** à l'échelle du 50,000ᵉ, où la *montagne* est
figurée par des *courbes de niveau équidistantes, relevées d'estompe.*

Le spécimen comprend la frontière du Nord-Est, depuis Metz jusqu'à Montbéliard.

La carte entière se composerait, si elle était exécutée,
de 950 feuilles de 64 centimètres de base sur 40 de
hauteur.

Elle n'est autre chose que la reproduction à l'échelle
du 50,000ᵉ des *minutes des levés exécutés sur le terrain
à l'échelle du 40,000ᵉ* par les officiers d'état-major,

complétées d'après des travaux récents sur le terrain. Elle est gravée sur zinc en six couleurs. La couleur *rouge* est attribuée aux habitations et aux voies de communication entretenues régulièrement et toujours carrossables ; le *noir* est affecté aux écritures, aux chemins qui ne sont pas toujours carrossables, aux limites administratives, aux divisions de culture ; les eaux sont représentées en *bleu ;* les bois, en *vert ;* les courbes de niveau, en *bistre éteint* (brun minéral); l'estompe, en *gris bleuté.* L'équidistance des courbes horizontales régulières qui expriment les formes du terrain est de 10 mètres, et les traits qui les représentent sont tracés légèrement, pour empêcher que la montagne ne voile les détails de la planimétrie.

Au point de vue pratique envisagé d'une façon générale, cette carte présenterait des avantages certains sur la carte au 80,000ᵉ. L'emploi de différentes couleurs pour la représentation de la planimétrie et de la montagne, la grandeur de l'échelle, en rendent la lecture facile pour tous. *Le figuré du terrain par des courbes horizontales équidistantes ne masque plus, comme le font les hachures, surtout dans la haute montagne, les détails de la planimétrie*, et ce mode de représentation permettrait, dans l'avenir, aux ingénieurs, aux géologues, etc., d'utiliser immédiatement pour leurs travaux les feuilles livrées au public, en les affranchissant de l'obligation, à laquelle ils ont été soumis jusqu'à ce jour, d'avoir recours au *Service géographique* pour obtenir des calques avec courbes des minutes au 40,000ᵉ de la carte de l'État-Major.

L'usage exclusif des courbes de niveau pour le figuré de la montagne présente l'inconvénient d'écraser le relief et d'uniformiser les divers accidents du sol au point d'en rendre la comparaison presque impossible.

Si, en effet, dans les pentes très accusées, le simple rapprochement des courbes suffit pour donner un certain relief aux formes du terrain, il n'en est pas de même dans les parties moyennement accidentées. Là, l'œil a de la peine à les suivre ; les formes deviennent insaisissables, et la lecture de la montagne ne peut s'effectuer qu'au prix d'une étude longue, pénible et sans utilité.

En un mot, le modelé du terrain, l'expression plastique, si bien rendus par les hachures sur la carte de l'État-Major, font absolument défaut sur le spécimen de la Carte de France au 50,000e sans estompe.

Pour obvier à cet inconvénient, qui se retrouve d'ailleurs dans toutes les cartes où l'on ne se sert que de courbes de niveau pour le figuré de la montagne, le Service géographique a cherché à obtenir le modelé du terrain par un estompage méthodique, fondé sur l'hypothèse de la lumière verticale et réglé par un diapason où l'intensité de la teinte augmente en raison directe de celle de la pente. Il s'est attaché en outre, tout particulièrement, à déterminer la nuance de la couleur, de façon que l'estompage puisse donner à la montagne, tout en lui ménageant un relief et un modelé suffisants, assez de transparence et de douceur pour laisser ressortir avec toute la vigueur désirable les détails de la planimétrie et surtout le réseau des voies de communication. Dans le même but, il a été décidé que les pentes inférieures à 1/40e ne recevraient pas de teintes.

L'estompage est exécuté au moyen du crayon lithographique, et il donne lieu à l'établissement d'une sixième planche d'impression.

Le spécimen exposé sous le n° 66 a été exécuté d'après les principes qui viennent d'être énoncés. La montagne, estompée en gris bleuté transparent, y ressort d'une façon suffisante, sans nuire au fond planimétrique.

67. TOUL (Environs de) au 50,000e ; gravure sur zinc en six couleurs.

Cette feuille a été dessinée et gravée dans le but de servir de modèle-type pour l'exécution de la carte de France au 50,000e.

68. FRANCE (Carte chorographique de la) au 200,000e *avec courbes de niveau et estompe ;* gravure sur zinc, en six couleurs, en cours d'exécution.

Cette carte est une réduction de la carte au 80,000e ; la montagne y est figurée d'après les principes adoptés pour la carte de la France au 50,000e, sauf en pays de montagne, où, pour que la planimétrie ne soit pas écrasée par l'estompage, le Service géographique a admis le principe de l'éclairage par la lumière oblique. Chaque feuille a les mêmes dimensions ($0^m,64$ sur $0^m,40$) que celles de la carte au 50,000e, et correspond exactement à quatre feuilles du 80,000e.

L'équidistance des courbes horizontales, adoptée pour la carte au 200,000e est de 20 mètres. D'après le rapport en usage au Dépôt de la guerre entre l'échelle et l'équidistance, il eût fallu porter cette dernière à 50 mètres ; mais alors les formes du terrain n'auraient pas été suffisamment accusées dans les régions peu accidentées.

La carte, en cours d'exécution, comprendra 82 feuilles.

Le spécimen exposé sous le n° 68 est constitué par un assemblage des feuilles comprenant la partie de la France située à l'est du méridien de Paris.

69. PYRÉNÉES (Frontière des), extrait de la carte de France au 200,000e.

70. FRANCE (Carte de) au 500,000e ; 15 feuilles.

Cette carte a été commencée en 1871 au Dépôt des

fortifications; elle se termine au Service géographique de l'armée. Elle s'étend d'Ouessant à Francfort-sur-le-Mein et de la Haye à l'embouchure de l'Èbre ; les pays étrangers y sont traités avec les mêmes détails que la France. Elle est divisée en quinze feuilles, subdivisées elles-mêmes en quarts de feuille et imprimées en couleur. Ces couleurs sont : le bleu, pour les eaux ; — le brun, pour les hachures qui représentent les formes du terrain ; — le vert, pour le sol forestier ; — le rouge, pour les courbes de niveau, — et le noir, pour les localités et les voies de communication de terre.

L'impression polychrome a permis de multiplier les détails et de publier, en combinant les tirages de diverses manières, trois types : — n° 1, carte complète sans courbes de niveau ; — n° 2, carte routière, sans hachures, mais avec courbes de niveau de 100 en 100 mètres ; — n° 3, carte orographique, qui ne donne que le figuré du terrain en hachures avec les eaux et les bois et les noms se rapportant soit à l'orographie, soit aux anciens pays.

La planimétrie et le figuré du terrain sont établis, pour la partie française, d'après la carte au 80,000° du Dépôt de la guerre, et, pour la partie étrangère, au moyen des cartes topographiques les plus récentes et d'autres documents de valeur, notamment les levés faits dans les Pyrénées espagnoles par des membres du Club alpin français.

On n'a admis à figurer sur la carte que les localités, chefs-lieux de commune ou annexes, qui présentent un intérêt spécial, soit par leur population, soit par leur position relativement aux voies de communication, soit enfin par leur notoriété au point de vue commercial, agricole, industriel ou historique.

Le figuré du terrain dessiné, soit en lumière oblique pour les régions montagneuses, soit en lumière zénithale pour les pays de plateaux, a été en partie gravé en hachures et en partie héliogravé d'après des dessins manuscrits.

Actuellement, 14 feuilles sont publiées ; la dernière est en voie d'achèvement.

Le spécimen présenté donne un type oro-hydrographique de la carte au 500,000ᵉ.

71. ALPES (Carte de la frontière des) au 80,000ᵉ ; gravure sur pierre en trois couleurs, 1875, 58 feuilles.

Cette carte n'est qu'une transformation de la carte de l'État-Major à la même échelle, faite dans le but d'en faciliter la lecture. Le figuré du terrain est exprimé par des courbes de niveau de 20 en 20 mètres, régulières pour la partie française, mais construites approximativement pour la partie étrangère, d'après l'ancienne carte du Piémont au 50,000ᵉ.

Le spécimen présenté donne la frontière des Alpes depuis Nice jusqu'à Briançon.

72. ALPES (Carte de la frontière des) au 320,000ᵉ ; gravure sur pierre en trois couleurs, 10 feuilles, 1875 ; revisée en 1886.

Essai de transformation de la carte de France au 320,000ᵉ. Il s'étend du lac de Genève à la Méditerranée et du Rhône à la plaine du bassin supérieur du Pô. Le figuré du terrain est exprimé par des courbes horizontales et des cotes nombreuses.

73. PARIS (Carte des environs de) au 20,000ᵉ.

Cette carte est gravée sur zinc en six couleurs et comprend 36 feuilles.

Les voies de communication, les divisions administratives et les écritures y sont représentées en noir ; les eaux, en bleu ; les bois, en vert, et les habitations, en rouge.

La montagne est figurée par des courbes de niveau, de couleur bistre, équidistantes de 5 mètres. Les courbes sont reliées par un estompage gris bleuté analogue à celui qui est employé pour le figuré du terrain dans la carte de France au 50,000e.

74. PAYS LIMITROPHES DE LA FRANCE (Carte des) au 320,000e.

Les besoins de l'armée ont nécessité l'établissement d'une carte au 320,000e donnant le territoire des pays voisins des frontières françaises. Cette carte est en cours d'exécution. On en expose un spécimen qui comprend les 3 feuilles de Nice, grand Saint-Bernard et Mulhouse.

75. Nouvelle méridienne de France et **Carte du nivellement général.**

La nouvelle méridienne de France va de la frontière d'Espagne, où elle se raccorde avec la triangulation espagnole, au Pas de Calais, où elle se relie aux réseaux anglais et belge. Elle s'appuiera sur trois bases qui seront mesurées à Paris (Villejuif), Perpignan et Cassel. La latitude et l'azimut fondamentaux ont été mesurés en cinq stations choisies autour de Paris.

Le tracé de la nouvelle méridienne de France a été exécuté sur un spécimen de la Carte du nivellement général de la France au 800,000e.

Cette dernière carte a été établie à l'aide des courbes horizontales des minutes au 40,000e de la carte de l'État-Major au 80,000e.

Elle a été dessinée par M. de Fay, dessinateur au Service géographique, et gravée sur pierre, en trois couleurs. L'équidistance des courbes de niveau est de 100 mètres, un trait plus fort indique les courbes dont l'altitude est de 400 mètres ou un multiple de ce nombre.

L'hydrographie est représentée en bleu ; l'orographie, en bistre ; les cotes d'altitude et les écritures, en noir. Les chefs-lieux de département sont les seules localités qui figurent sur cette carte.

76. Canevas géodésique de France (tracé sur la carte du nivellement général de la France).

L'ancien réseau français s'appuie tout entier sur la méridienne de Delambre.

Six chaînes parallèles :

> Le parallèle d'Amiens,
> Le parallèle de Paris,
> Le parallèle de Bourges,
> Le parallèle moyen,
> Le parallèle de Rodez,
> La chaîne des Pyrénées et du littoral méditer-
> ranéen,

croisent à angle droit cette méridienne et y prennent leur cote de départ.

Trois méridiennes accessoires :

> La méridienne de Strasbourg,
> La méridienne de Sedan,
> La méridienne de Bayeux,

réunissent les parallèles entre eux et forment avec ceux-ci et la méridienne principale un réseau dit « à gril », dont les mailles sont remplies par une triangulation dite de remplissage.

Sept bases (Melun, Perpignan, Brest, Ensisheim, Bordeaux, Gourbeira, Aix) servent de fondement à ce vaste ensemble de triangles.

77. CHEMINS DE FER FRANÇAIS (Carte des) au 1,250,000e ; gravée sur zinc en deux couleurs ; sans montagne.

Cette carte est tenue à jour, au fur et à mesure de l'ouverture des lignes nouvelles.

78. ALGÉRIE (Carte topographique de l') au 50,000e ; gravure sur zinc, en sept couleurs ; en cours d'exécution.

Fragment de la province d'Alger, comprenant les vingt feuilles suivantes : Chéraga, Alger, Ménerville, l'Arba, Palestro, Blida, Tablat, Ben-Haroun, Dellys, Tizi-Ouzou, Tipaza, Kolea, Dra el Mizane, Marengo, Bouïra, Vesoul Beniane, Medea, Oued el Malah, Aïne Bessem, El Esnam.

Les levés sur le terrain sont faits à l'échelle du 40,000e et réduits au 50,000e dans les ateliers du Service géographique. La carte est exécutée d'après les principes adoptés pour la carte de France à cette même échelle. Elle comporte une couleur de plus que cette dernière : le violet pour les vignes.

La publication a été commencée en 1883. Actuellement, 108 feuilles sont levées sur le terrain ; 51 sont terminées et mises en vente ; les autres sont en cours d'exécution.

79. ALGÉRIE (Carte topographique de l') au 50,000e.

Fragment de la province d'Oran, comprenant les feuilles de : Falaise de Krichtel, Arzew, Mostaganem, les Andalouses, Oran, Saint-Louis, Debrousseville, Rio-Salado, Lourmel, Arbal, Saint-Denis-du-Sig, Perrégaux.

80. ALGÉRIE (Carte topographique de l') au 50,000ᵉ.

Fragment de la province de Constantine, comprenant les quatorze feuilles : Cap de Fer, Herbillon, Cap de Garde, Djebel Filfila, Bugeaud, Bône, Cap Rosa, Philippeville, Saint-Charles, Jemmapes, Penthièvre, Mondovi, Le Tarf et Blandan.

81. Minutes de la carte de l'Algérie au 50,000ᵉ.

On a réuni dans un cadre des spécimens concernant les travaux exécutés sur le terrain par l'officier topographe, et leur reproduction par la gravure, savoir :

A. Un fragment de planchette (mappe) à l'échelle du 40,000ᵉ (échelle du levé), représentant le travail complet d'un officier topographe sur le terrain ;

B. La construction des courbes de niveau au 40,000ᵉ d'après le figuré du terrain et les cotes d'altitude indiqués par la mappe.

C. La gravure correspondant à ces deux documents.

Les travaux exposés dans ce cadre appartiennent à la feuille de Beni-Mançour.

82. Triangulation de l'Algérie et de la Tunisie.

Une grande chaîne parallèle, mesurée de la frontière du Maroc à l'extrémité du cap Bon, reliée d'un côté à l'Espagne, de l'autre à l'Italie par un réseau spécial de jonction, sert d'appui à la triangulation de l'Algérie et de la Tunisie. Il s'en détache déjà trois tronçons de méridienne : la méridienne d'Alger à Laghouat, la méridienne de Biskra, la méridienne de Gabès (en cours d'exécution) ; une quatrième méridienne, de Nemours à Aïn-Sefra et une chaîne parallèle à la limite des hauts plateaux, d'Aïn-Sefra à Gabès, en passant par Géryville,

Laghouat et Biskra, compléteront le canevas primordial algérien et tunisien.

Des bases ont été mesurées à Oran, Alger et Bône ; d'autres seront mesurées à Laghouat et Tunis. Des observations astronomiques ont été exécutées à Alger, Nemours, Msabiha, Bône, Tunis, Guelt-es-Stel, Géryville, Biskra et Laghouat.

83. ALGÉRIE (Carte de l') au 800,000ᵉ, en quatre feuilles.

Cette carte a été établie au moyen d'une réduction des nombreux itinéraires qui ont été exécutés par des officiers d'état-major à la suite des colonnes expéditionnaires. Appuyée sur une triangulation géodésique, elle a été tenue au courant d'après les travaux topographiques, expédiés ou réguliers, les plus récents.

Elle est gravée sur pierre en trois couleurs. Le noir est attribué aux voies de communication, aux divisions administratives et aux écritures ; les eaux sont représentées en bleu ; la montagne est figurée par un estompage gris bleuté, obtenu au moyen du crayon lithographique.

Elle est la base d'une carte des étapes de l'Algérie publiée à la même échelle.

Le spécimen exposé est un assemblage d'un report sur zinc des quatre feuilles.

84. AFRIQUE (Carte de l') sous la domination des Romains, au 2,000,000ᵉ, 1864 ; gravure sur pierre en cinq couleurs, 2 feuilles.

Le Service géographique a dressé cette carte au moyen des travaux exécutés par M. Fr. Lacroix.

85. Minute de la carte de Tunisie au 200,000ᵉ.

La minute encadrée est celle de la feuille de Gabès.

Levées à l'échelle du 100,000ᵉ, les minutes de la carte

de Tunisie ont été reproduites au 200,000ᵉ par les procédés de la photozincographie. Grâce à ces méthodes rapides, le Service géographique a pu publier en quelques années une édition provisoire d'une carte de Tunisie au 200,000ᵉ en 21 feuilles. Cette édition provisoire sera prochainement remplacée par une édition définitive qui sera gravée sur zinc en couleurs.

86. TUNISIE (Carte de la) au 800,000ᵉ; gravure sur zinc en couleurs, 2 feuilles, 1889.

Cette carte, réduction de la carte de Tunisie au 200,000ᵉ, est le prolongement de la carte d'Algérie au 800,000ᵉ.

87. LIBAN (Carte du) au 200,000ᵉ; gravure sur pierre en cinq couleurs, 1862, 1 feuille.

La carte du Liban a été dressée au Dépôt de la guerre d'après les reconnaissances des officiers attachés à la brigade topographique du corps expéditionnaire de Syrie. Le figuré du terrain y est exprimé par des hachures de couleur bistre.

88. GALILÉE (Levés en) au 100,000ᵉ; gravure sur pierre en cinq couleurs, 1 feuille.

Cette carte avait été entreprise, en 1869, sur la demande de l'Académie des inscriptions et belles-lettres et de la Société de géographie, pour faire suite à la carte du Liban de l'État-Major francais. Les levés, exécutés par MM. les capitaines Mieulet et Derrien, furent interrompus par la guerre de 1870. La partie terminée fut cependant publiée en 1873. Le terrain y est représenté par des courbes de niveau à l'équidistance de 20 mètres.

89. TONKIN (Carte du) au 100,000e ; héliogravure en cinq couleurs, 13 feuilles ; en cours d'exécution.

Cette carte a été héliogravée et imprimée par les soins du Service géographique de l'armée, d'après les minutes envoyées de Hanoï par le service topographique du corps expéditionnaire.

Sur les treize feuilles qui correspondent à peu près à la surface du Delta, huit sont actuellement terminées et les cinq autres vont paraître prochainement.

Il y a lieu de faire remarquer que, sur ces cartes, les villages sont représentés par une teinte verte, car, en réalité, ils sont formés de paillotes ou cagnias dissimulées généralement au milieu de petits bois de bambous.

90. Minutes de la carte du Tonkin au 100,000e.

Le cadre contient les minutes des feuilles de Haï-Duong et Haï-Phong levées à l'échelle du 100,000e.

Les minutes de cette carte, dressée par ordre de M. le général Warnet, proviennent de la réduction des levés au 40,000e, effectués en 1885-86 et 1887 par les officiers du corps expéditionnaire.

Une première triangulation du Delta a été faite par des ingénieurs hydrographes et par des officiers du service topographique.

Les sommets des triangles déterminés au théodolite, ont servi de points de départ à des levés effectués à la boussole-éclimètre ou à la planchette. Ces levés ont été ensuite complétés à l'aide des travaux effectués par les officiers des corps de troupes autour de leurs garnisons respectives ou pendant la marche des colonnes.

91. TONKIN (Carte du) au 500,000e ; gravure sur zinc en quatre couleurs, 3 feuilles.

Cette carte a été dressée en réduisant les feuilles de

la carte au 100,000ᵉ et en y ajoutant tous les levés effectués en dehors du Delta, par les officiers chargés des reconnaissances autour des différents postes et des itinéraires des colonnes en marche.

On a utilisé également les travaux de la commission de délimitation, le levé du cours des rivières et des fleuves déterminé par les commandants de canonnière, et enfin, pour la partie encore inexplorée ou peu connue, les renseignements obtenus par les nombreux émissaires annamites envoyés confidentiellement sur divers points du pays.

92. FLEUVE ROUGE (Carte du) au 25,000ᵉ ; héliogravure en cinq couleurs, **7 feuilles.**

Le cours du fleuve Rouge levé antérieurement à 1885 depuis son embouchure jusqu'à Hong-Hoa, a été prolongé ensuite jusqu'à 15 kilomètres en amont de Lao-Kay (point où il atteint la frontière de Chine).

Cette dernière partie, divisée en treize sections tirées sur sept feuilles, a été exécutée à bord d'une jonque, avec une boussole ordinaire, en déterminant la vitesse de cette embarcation par des mesures opérées fréquemment sur des bancs de sable ou sur le chemin de halage.

Les sondages ont été faits à l'époque où le niveau des eaux est généralement le plus bas de l'année.

93. AFRIQUE (Carte de l') au 2,000,000ᵉ ; héliogravée en deux couleurs, **62 feuilles.**

La publication de cette carte, qui forme un bel assemblage de 4ᵐ,40 de hauteur sur 4 mètres de large, a été commencée en 1881 et vient d'être terminée ; elle a été dressée par M. le chef de bataillon du génie de Lannoy de Bissy, qui a mis à profit toutes les cartes françaises et étrangères ainsi que les renseignements fournis par les recueils géographiques et les relations de voyages.

Elle donne, autant que possible, tous les itinéraires des voyageurs, itinéraires qui correspondent généralement aux routes suivies par les naturels.

Elle est, en outre, accompagnée de notices descriptives.

Deux éditions de la carte d'Afrique ont été publiées ; l'une, provisoire, ne présente que la planimétrie ; l'autre, définitive, en deux couleurs, donne en plus l'orographie.

Les feuilles qui correspondent à l'Algérie, à la Tunisie, au Maroc et à la Tripolitaine, ont été, par exception, tirées en quatre couleurs.

94. MEXIQUE (Carte du) au 3,000,000e, en 2 feuilles ; gravée sur pierre, 1873.

La carte du Mexique a été dressée au Dépôt de la guerre par le capitaine Niox, d'après les levés des officiers du corps expéditionnaire. Après avoir été gravée sur pierre, elle a été reproduite en typographie. Cette reproduction, faite avec tout le soin qu'exigeait cet important document géographique, a assuré la conservation indéfinie des pierres et a permis d'abaisser considérablement le prix de la carte.

95. Levé expédié des environs de Dijon au 10,000e.

Ce levé a été exécuté par les soins de la section des *Levés de précision* du Service géographique.

Les travaux de la section des levés de précision comportent des levés à grande échelle, au 1000e et parfois au 2000e, et des levés au 10,000e et au 20,000e. Ceux des deux premières échelles donnent la représentation exacte du terrain sur lequel on doit construire les ouvrages de fortification. Ils sont exécutés par des adjoints du génie attachés à la section des levés de précision.

Les levés au 10,000ᵉ et au 20,000ᵉ sont exécutés soit par des officiers de toutes armes détachés momentanément à la section des levés de précision, soit par des adjoints du génie attachés à cette section. Autour de Dijon, les levés s'étendent sur environ 100,000 hectares, et l'on a reproduit ainsi près de 3 millions d'hectares.

L'échelle au 20,000ᵉ n'est employée que pour les levés de haute montagne, tels que les Alpes et les Pyrénées; dans toutes les autres régions, c'est l'échelle du 10,000ᵉ qu'on adopte.

Ces levés sont rattachés, pour la planimétrie, aux points de la triangulation du Dépôt de la guerre et ils sont reliés, d'autre part, au nivellement de précision de la France (Nivellement Bourdaloue). La planimétric est obtenue par la réduction des plans parcellaires du cadastre, qui sont encastrés dans des polygones levés à la boussole par les adjoints du génie de la section, — de sorte qu'il ne reste plus au topographe qu'à compléter la planimétrie par une revision faite sur le terrain et à définir le relief du sol à l'aide de courbes de niveau équidistantes de 5 mètres et filées partiellement.

Les minutes des levés au 10,000ᵉ sont, d'une part, rédigées en manuscrit et, d'autre part, reproduites au moyen de l'héliogravure et tirées à un petit nombre d'exemplaires pour le service.

Enfin on a fait aussi des réductions photozincographiques au 20,000ᵉ de l'édition au 10,000ᵉ.

96. Levé expédié des environs de Reims au 10,000ᵉ.

Dessin manuscrit de l'officier chargé du levé.

97. Plan relief représentant **la ville de Belfort et ses environs.**

Ce plan résulte des travaux de la section des levés de

précision. On imprime le dessin au 20,000e sur des gâteaux de plâtre d'épaisseur convenable. Chaque gâteau est creusé au moyen d'une machine-outil, et de la sorte on obtient un moule à gradins qui sert à établir un premier relief.

On abat à la main les gradins du relief à l'aide duquel on obtient le moule définitif. Les exemplaires qu'on en tire sont recouverts d'un tirage du plan au 20,000e pour le collage duquel on fait prêter le papier de façon qu'il se moule parfaitement sur le support.

Le tout est colorié à la main.

98. PHOTOGRAPHIE.

a) Agrandissement au **40,000e**, par la photographie, de deux huitièmes de feuille de la carte de France au 80,000e.

Ces agrandissements sont destinés aux travaux de revision sur le terrain.

b) Photographies du soleil, prises pendant le passage de Vénus du 2 décembre 1882, avec un héliographe à miroir (Mission de la Floride).

c) Photographies prises en ballon, au cours d'études sur l'aérostation militaire.

99. Vue du Mont Blanc prise au-dessus de Servoz, exécutée par M. GOBAUT, aquarelliste au Dépôt de la guerre.

100. Les peintres aquarellistes du Dépôt de la guerre se sont toujours attachés à représenter avec la plus grande exactitude, soit d'après nature, soit au moyen des plans ou croquis mis à leur disposition, les vues militaires ou les sites pittoresques qui figurent dans la collection de cet établissement.

L'aquarelle du mont Blanc (n° 99), exposée en 1875 à

l'occasion du Congrès des sciences géographiques qui
eut lieu à Paris, impressionna vivement toutes les per-
sonnes qui avaient parcouru cette partie du massif des
Alpes. Elle donnait une idée si nette de la réalité, que des
officiers d'état-major auxquels était incombée autrefois
la mission d'exécuter de nombreux levés dans les Alpes,
frappés de la ressemblance étonnante de cette vue avec
l'image dont ils avaient conservé le souvenir, résolurent
de vérifier la corrélation qui existait entre la vue pano-
ramique et les minutes des levés au 40,000ᵉ mises en
perspective.

L'auteur de l'aquarelle put leur indiquer très exactement l'endroit où il avait fait station.

L'épure de mise en perspective, exécutée en vue
de cette vérification et **exposée sous le nº 100**, prouve
que l'œuvre de l'artiste est, au point de vue de la perspective, d'une exactitude parfaite. Toutes les parties indi-
quées par l'épure comme étant visibles sont très bien
reproduites dans l'aquarelle et rigoureusement à leur
place.

101. Le volcan du Montpezat (Ardèche), aquarelle de
M. GOBAUT, aquarelliste du Dépôt de la guerre.

**102. Passage de la 4ᵉ brigade du corps expédition-
naire de Tunisie,** entre le kef Ben-Ensour et le kef Ben-
Ameur, aquarelle de M. COMBA, aquarelliste du Service géographique de l'armée.

103. Bataille de Son-Tay (Tonkin), aquarelle de M. COMBA,
aquarelliste du Service géographique de l'armée.

104. ICHERIDEN (Combat d') (Grande-Kabylie), 24 juin 1857.

Reproduction par la chromolithographie d'une aquarelle de la collection du Ministère de la guerre.

105. **Vue et prise des forts du Peï-Ho,** le 21 août 1860, par les troupes anglaises et françaises.

Reproduction par la chromolithographie d'une aquarelle de la collection du Ministère de la guerre.

106. **TCHANG-KIA-WAN (Combat de)**, 18 septembre 1860.

Reproduction par la chromolithographie d'une aquarelle de la collection du Ministère de la guerre.

107. **Carton** contenant quelques exemplaires des **cartes de France exécutées par la gravure sur cuivre :**

Carte de France au 80,000ᵉ (n° 51).
— au 320,000ᵉ (n° 56).
— au 600,000ᵉ (n° 58).
Carte du département de la Seine au 40,000ᵉ (n° 59).
Environs de ville (n° 60).
Plan de Saint-Cloud (n° 65).

108. **Carton** contenant différents exemplaires des **cartes de France gravées sur zinc et imprimées en couleurs,** savoir :

Carte de France au 50,000ᵉ (n° 66).
— de France au 200,000ᵉ (n° 68).
— de France au 500,000ᵉ (n° 70).
— de la frontière des Alpes au 80,000ᵉ (n° 71).
— de la frontière des Alpes au 320,000ᵉ (n° 72).
— des environs de Paris au 20,000ᵉ (n° 73).
— du nivellement général de la France (n° 75).

109. **Carton** contenant des exemplaires des **cartes d'Algérie, du Tonkin et de l'Afrique :**

Carte d'Algérie au 50,000ᵉ (n° 78).
— d'Algérie au 800,000ᵉ (n° 83).

Carte du Tonkin au 100,000ᵉ (nᵒ 89).
— du Tonkin au 500,000ᵉ (nᵒ 91).
— d'Afrique au 2,000,000ᵉ (nᵒ 93).

110. **Plan en relief** de la zone frontière des Pyrénées-Orientales, dressé à l'État-Major du 16ᵉ corps d'armée, sous la direction de M. le général baron BERGE, par M. AZÉMA, capitaine au 122ᵉ régiment d'infanterie.

CARTES

CLASSE 16

111. TOUL (**Environs de**) au 50,000ᵉ (Voir n° 67).

112. FRANCE (**Carte chorographique de la**) au 200,000ᵉ (Voir n° 68).

Le spécimen exposé est constitué par un assemblage des feuilles comprenant la partie sud du Jura et la partie nord des Alpes.

113. FRANCE (**Carte chorographique de la**) au 600,000ᵉ (Voir n° 58).

Le spécimen présenté se compose des feuilles IV et VI.

114. Carte des environs de Paris au 20,000ᵉ (Voir n° 73).

Le spécimen présenté se compose des quatre feuilles de Versailles, Sèvres, Buc et Sceaux.

115. ALGÉRIE (**Carte topographique de l'**) au 50,000ᵉ (Voir n° 78).

Le spécimen exposé comprend les quatre feuilles de Philippeville, Djebel Filfila, Saint-Charles et Jemmapes.

116. ALGÉRIE (**Carte de l'**) au 800,000ᵉ (Voir n° 83).

Le spécimen exposé se compose d'une partie des feuilles nord-ouest et nord-est.

www.ingramcontent.com/pod-product-compliance
Ingram Content Group UK Ltd.
Pitfield, Milton Keynes, MK11 3LW, UK
UKHW021652130726
13696UKWH00004B/1557